LE ROLE DU MÉDECIN SCOLAIRE

Prophylaxie des maladies transmissibles

A L'ECOLE

Le Dr Louis GOURICHON

Médecin Inspecteur des Ecoles de la Ville de Paris

PARIS

LIBRAIRIE CH. DELAGRAVE

15, RUE SOUFFLOT, 15

1910

LE ROLE DU MÉDECIN SCOLAIRE

Prophylaxie des maladies transmissibles

A L'ÉCOLE

Le Dr Louis GOURICHON

Médecin Inspecteur des Ecoles de la Ville de Paris

PARIS

LIBRAIRIE CH. DELAGRAVE

15, RUE SOUFFLOT, 15

1910

LE ROLE DU MÉDECIN SCOLAIRE

PROPHYLAXIE

DES

MALADIES TRANSMISSIBLES A L'ÉCOLE

Le Rôle du Médecin Scolaire

Je vais exposer d'abord le rôle du médecin scolaire et les règlements qui déterminent ses attributions; la prophylaxie des maladies transmissibles qui constitue une des parties les plus importantes de sa tâche sera étudiée ensuite.

L'Etat, en instituant l'obligation de l'instruction primaire par la loi de 1886, a assumé en même temps la mission de protéger la santé des écoliers aussi bien dans leur collectivité que dans leur individualité. Il doit prévenir et enrayer les maladies contagieuses, mais aussi assurer à l'enfant un développement normal et veiller à ce que ses facultés physiques soient en plein épanouissement. De cette façon ses facultés intellectuelles pourront produire leur maximum de rendement. C'est la consécration du vieil adage : « *Mens sana in corpore sano.* »

Cette tâche élevée de protection collective et de surveillance individuelle, l'Etat la confie à un agent sanitaire qui remplit une véritable fonction publique et qui n'est autre que le médecin inspecteur de l'école. Celui-ci doit jouer le même rôle au point de vue hygiénique, physique et sanitaire que l'inspecteur primaire au point de vue intellectuel et pédagogique.

L'inspection médicale des écoles n'est pas une chose nouvelle, du moins en théorie.

Un projet de création avait été déposé à la Convention le 26 juin 1793 par Siéyès, Daunou et Lakanal. Il était ainsi conçu : « Un officier de santé du district est chargé de visiter dans les quatre saisons de l'année, toutes les écoles nationales du district. Il examine et conseille les exercices gymnastiques les plus convenables. Il examine les enfants et indique en général et en particulier les règles les plus propres à fortifier leur santé. »

Ce projet ne fut jamais discuté.

Il faut arriver jusqu'en 1834, c'est-à-dire au lendemain de la loi Guizot du 28 juin 1833, pour voir ébauchée, par la circulaire d'Orfila, l'inspection médicale dans la Seine. Un médecin était attaché à chaque école de garçons, puis en 1843 à chaque école de filles et aux salles d'asile. Le médecin était tenu à deux visites obligatoires par mois. Mais comme ses fonctions étaient gratuites, le service ne fut jamais sérieusement organisé.

Ce n'est qu'en 1879 que le Conseil municipal de Paris, marchant à l'avant-garde du progrès, institua, d'une façon effective, l'inspection médicale scolaire.

Postérieurement, le 14 novembre 1879, Jules Ferry, Ministre de l'Instruction publique, adressait aux préfets une circulaire disant : « qu'il y aurait dans chaque centre un ou plusieurs médecins chargés de visiter dans leurs tournées de clientèle les écoles publiques, au double point de vue de la salubrité des bâtiments et de l'état sanitaire des élèves. Ils auraient pour mission de veiller à ce que les conditions hygiéniques fussent exactement remplies, d'adresser aux maîtres et aux familles des conseils opportuns ou de fournir, à l'occasion, des renseignements utiles à l'administration ».

Le 30 octobre 1886 fut votée la loi sur l'organisation de l'enseignement. Elle dit (art. 9, chap. ii) : « L'inspection est exercée au point de vue médical par des médecins inspecteurs communaux ou départementaux. » Le décret du 18 janvier 1887 sur l'enseignement primaire ajoute (art. 141) : « Les médecins doivent être agréés par le préfet et leur inspection ne peut porter que sur la santé des enfants, la salubrité des locaux et l'observation des règles de l'hygiène. »

Sous l'impulsion des élus de la ville de Paris, deux arrêtés préfectoraux furent pris, l'un le 10 juillet 1879, signé Hérold, et l'autre le 15 décembre 1883, signé Poubelle, fixant l'organisation qui nous régit encore actuellement.

Le règlement du 10 juillet 1879 définit les attributions et le service du médecin inspecteur ; je les résume en deux mots : ils consistent à veiller à la *salubrité des locaux* et à la *prophylaxie des maladies contagieuses*. Le médecin inspecteur inscrira sur un registre spécial déposé dans chaque école et qui sera tenu constamment à la disposition du maire, de l'inspecteur primaire et des délégués cantonaux, les observations que lui suggérera l'état hygiénique de l'établissement, et le nom des enfants qui devront être éloignés momentanément pour maladies contagieuses ; il indiquera les mesures à prendre en cas d'épidémie. Un article de ce règlement spécifie que tout enfant s'étant absenté pour cause de maladie ne pourra être admis à nouveau à l'école que sur un certificat délivré par le médecin inspecteur.

L'arrêté préfectoral du 15 décembre 1883 ajoute qu'une fois par mois, au moins, le médecin inspecteur, pendant sa visite dans l'établissement, devra procéder à un examen attentif et *individuel* des enfants au point

de vue des dents, des yeux, des oreilles et de l'état général de la santé. C'est la fiche sanitaire individuelle
en germe. Mais cet examen mensuel et individuel, malgré la bonne volonté des médecins inspecteurs, ne tarda
pas à tomber en désuétude, en raison du surcroît con-
sidérable de besogne qui leur était imposé.

Paris est divisé en 126 circonscriptions médicales.
Chaque médecin doit visiter 15 à 20 classes, deux fois
par mois, et plus souvent, s'il en est requis par le maire
ou l'administration préfectorale. Il reçoit une indemnité de 800 francs. Il est nommé par le préfet de 1879 à
1884 sur une liste de présentation dressée à l'élection
par les médecins de l'arrondissement, et à partir de
1884, toujours par le préfet, sur une liste de présentation dressée dans chaque arrondissement par le maire,
de concert avec la délégation cantonale. La durée de
son mandat est fixée à trois ans et il est soumis à la ré-
investiture.

En 1885, cette organisation est étendue aux commu-
nes de la Seine qui est divisée en 57 circonscriptions
médicales.

Cette organisation de l'inspection médicale à Paris
était la seule qui existât. Car, malgré la loi de 1886,
malgré le décret de 1887, les crédits pour l'établissement de l'inspection médicale en France ne furent jamais
votés. Seules quelques municipalités comme Bordeaux,
Lyon, Nancy, Nice créèrent ce service.

Tant il est vrai que les questions budgétaires sont la
pierre d'achoppement des réformes les meilleures et les
plus utiles.

Voilà esquissée rapidement l'organisation de l'inspection médicale à Paris et dans la Seine. Mais elle a
vieilli depuis 1883. Elle est insuffisante, car le nombre
des écoles et des écoliers a plus que doublé; et elle ne
répond plus aux exigences de la société moderne.

Plusieurs projets furent déposés pour la modifier. C'est d'abord la Société des médecins inspecteurs qui en 1888 par l'organe de M. le Dr Blayac préconisait l'institution de la *fiche sanitaire individuelle* permettant de surveiller le développement physiologique normal de l'écolier et de combattre les causes scolaires, telles que les troubles de la vision et de l'audition, ou les causes individuelles qui peuvent nuire au développement physique ou intellectuel de l'écolier.

En 1891, M. Vaillant, conseiller municipal, demande également l'institution du carnet sanitaire individuel, mais il réclame aussi la *visite quotidienne* des médecins inspecteurs à l'école pour barrer la route aux épidémies. De plus l'inspection médicale devrait s'étendre non seulement aux écoles publiques mais encore aux écoles privées qui seraient visitées une fois par mois. Enfin, le recrutement des médecins inspecteurs serait fait par le concours.

Ce projet qui fut l'objet de longues études ne fut pas voté en 1895, par le Conseil municipal, faute de crédits disponibles.

En 1903 et 1904, nouveau projet émanant d'un maître de l'hygiène qui consistait à faire du médecin inspecteur un véritable médecin fonctionnaire. Celui-ci toucherait 10 à 12.000 francs par an et ne ferait plus de clientèle. Il n'y aurait qu'un seul médecin inspecteur par arrondissement.

C'est alors (1905) que la Société des médecins inspecteurs des écoles intervint d'une façon active et réussit à faire échouer ce projet qui constituait un recul et était contraire à toutes les lois de l'hygiène scolaire moderne.

Elle élabora alors un projet de réorganisation qui eut Paul Cornet comme rapporteur général et la faveur d'être imprimé aux frais du Conseil municipal. Toutes ses grandes lignes ont été acceptées par le Conseil municipal le 12 juillet 1909 sur le rapport de M. le D' Guibert.

A notre très distingué confrère revient le grand mérite d'avoir fait un exposé magistral de la question de l'inspection médicale répondant aux nécessités actuelles de l'hygiène scolaire, et l'honneur d'avoir fait adopter sans débat une réorganisation qui était à l'ordre du jour depuis vingt-cinq ans.

Nouvelle organisation

L'inspection médicale fonctionnera à partir du 1.er octobre 1910 sur les bases suivantes :

1° Surveillance hygiénique des bâtiments et du mobilier.

2° Prophylaxie des maladies transmissibles.

3° Examen individuel des enfants à l'entrée de l'école.

4° Etablissement de la fiche sanitaire individuelle.

5° Visites réglementaires hebdomadaires des écoles publiques.

6° Visite mensuelle des écoles privées.

7° Réduction de chaque circonscription médicale à 1.000 enfants au maximum.

8° Augmentation du nombre des circonscriptions médicales qui sera portée de 126 à 210.

9° Augmentation de l'indemnité des médecins inspecteurs qui sera portée de 800 à 1.200 francs.

10° Institution du concours pour le recrutement des médecins inspecteurs.

11° Création d'une commission d'hygiène scolaire, composée d'hygiénistes, de conseillers municipaux, d'instituteurs et de médecins inspecteurs.

Ce qui différencie l'organisation de 1909 de celles de 1879 et 1883, c'est la création de la fiche sanitaire

individuelle, et c'est le recrutement des médecins inspecteurs par le concours.

Elle répond aux conceptions nouvelles et plus com-
plètes de l'hygiène scolaire dont les différents congrès
nationaux et internationaux d'hygiène scolaire (Paris
1903 et 1905, Bruxelles 1903, Londres 1907) se sont
faits l'écho.

Rôle et attributions du médecin scolaire

Et d'abord le médecin scolaire est un hygiéniste et
non un thérapeute. Il surveille, il inspecte au point de
vue individuel et collectif, il contrôle, mais, en aucun
cas, il ne peut et ne doit donner de soins. Son devoir
est de renseigner officiellement la famille sur l'état de
santé de l'écolier, mais là s'arrête son droit. C'est au
père à choisir librement son médecin et à faire traiter
son enfant, comme il lui convient, sous sa propre responsabilité.

L'école primaire est et doit rester l'école et non pas
devenir un dispensaire ou une policlinique. C'est pour
cette même raison que nous repoussons l'introduction
des *médecins spécialistes* dans les écoles (dentistes,
oculistes, laryngologistes, neurologistes, etc.), leur rôle
ne pouvant être plus étendu que celui du médecin
scolaire qui doit se borner à l'hygiène et à la préservation sociale et doit avoir la compétence nécessaire
pour faire seul l'examen de l'enfant.

Ainsi envisagée l'inspection médicale respecte les
droits de chacun et ne peut porter ombrage à personne,
qu'il s'agisse du corps médical ou des pères de famille.

La tâche dévolue au médecin scolaire se divise en
4 chefs principaux :

1º Surveillance des locaux et du mobilier scolaire.

2° Hygiène de l'écolier. — Examen individuel de l'enfant avec établissement d'une fiche sanitaire.

3° Education sanitaire de l'enfant et des maîtres.

4° Prophylaxie des maladies transmissibles.

Examinons successivement ces différents points.

I. — Surveillance hygiénique des locaux et du mobilier scolaire

Le médecin inspecteur fera à son entrée en fonctions, une visite minutieuse des locaux : il constatera le cube d'air des différentes classes, leur éclairage et son intensité, en veillant que cet éclairage vienne toujours du côté gauche et soit suffisant, leur ventilation, leur aménagement. Cet examen sera fait une fois pour toutes.

Durant ses visites hebdomadaires, il surveillera la propreté des locaux ; il s'assurera que le balayage est fait non à sec, mais *humide*, comme le prescrit le règlement ; il surveillera les appareils de chauffage, la cuisine des cantines scolaires, les réfectoires installés parfois d'une façon défectueuse dans les préaux, — les cours, les escaliers, les lavabos, l'eau potable, les filtres s'il en existe, les water-closets, les urinoirs.

Pour les écoles à construire, le médecin scolaire doit être consulté. Il donnera son avis sur la grandeur des classes, leur orientation, leur éclairage, les modes de ventilation et de chauffage. Il demandera dans chaque école l'établissement de bains-douches. Mais à Paris, jusqu'à présent nous ne sommes consultés que lorsque la construction de l'école est terminée : c'est dire que notre rôle à ce point de vue est illusoire. Dorénavant, il en sera fait autrement, nous en avons l'assurance.

Le choix du *mobilier scolaire* est également du ressort du médecin. A lui d'exiger que les bancs et les pupîtres soient en rapport avec la taille des enfants, et disposés pour que l'écolier puisse travailler dans les conditions les plus favorables. Ainsi disparaîtront à l'avenir cette armée de myopes et de scoliotiques engendrés par un mobilier scolaire défectueux ou une attitude vicieuse des enfants.

Le médecin scolaire aura également à connaître les conditions d'impression des livres et veillera à ce que les caractères et le papier réalisent les conditions demandées par les oculistes. Il en sera de même des cartes géographiques, des tableaux noirs et des tableaux divers.

II. — Hygiène de l'écolier. — Examen individuel
Fiche sanitaire

a) Propreté individuelle. — Après avoir assuré la salubrité des locaux, le médecin scolaire devra par une surveillance incessante assurer la propreté individuelle de l'écolier, « cette colonne fondamentale de la santé », comme l'a dit Hufeland. Et ce ne sera pas toujours chose commode. Il y a bien un article 6 d'un règlement administratif d'octobre 1894 qui prévoit l'exclusion de l'école des enfants malpropres ou couverts de poux ou de lentes. Mais il n'est pas toujours applicable, car il faut tenir compte du milieu social et de la situation.

Ce sont là des questions d'espèce que le médecin inspecteur aura à trancher. Mais il faudra faire preuve d'une grande fermeté, aider les maîtres dans leur tâche, de son autorité, et veiller à l'hygiène des vêtements, à l'hygiène corporelle.

L'établissement de bains-douches qui fonctionne dans quelques écoles donne les meilleurs résultats et doit être généralisé pour les écoles maternelles et primaires.

b) Examen individuel, fiche sanitaire. — L'école n'a pas seulement pour but la culture *intellectuelle* de l'enfant, mais aussi la culture de ses *facultés physiques*, *intellectuelles* et *morales.* Non content de préserver l'écolier de l'atteinte des maladies transmissibles, et c'est là un rôle nouveau pour lui, le médecin inspecteur doit encore préserver l'individu, *surveiller étroitement le fonctionnement des organes* et le *développement normal de l'organisme,* la régularité du développement corporel.

L'organisme de l'enfant, durant sa période scolaire, est sujet à de nombreuses affections qui pourront enrayer sa croissance et entraver son évolution physiologique. Au médecin scolaire de dépister ces affections en germe dans l'enfant et d'en arrêter la marche. A lui, la belle mission de développer, de perfectionner physiologiquement ces organismes neufs, en voie d'évolution, susceptibles de toutes les contagions, de préparer en eux un terrain de défense contre les maladies transmissibles, et en particulier la tuberculose, de protéger les malingres, les prédisposés, en les plaçant dans les meilleures conditions de résistance.

Ces considérations justifient l'examen individuel de l'enfant à son entrée à l'école et l'établissement de la fiche sanitaire. Cet examen sera fait au début de l'année et répété pour les enfants suspects dont l'état général ou certains organes présenteraient des troubles.

La fiche ne sera faite chaque année que pour les nouveaux venus à l'école primaire, qu'ils viennent soit des écoles maternelles, soit des écoles privées, et qui entrent dans la dernière ou les deux dernières classes. Et comme chaque école comprend en moyenne 6 à 7 classes, l'établissement du fichier sanitaire individuel demandera 6 à 7 ans.

La fiche sanitaire sera composée de deux parties : l'une, qui ne saurait en rien violer le secret professionnel et par conséquent pourra être remplie par l'instituteur, comprendra le signalement anthropométrique : poids, taille, périmètre thoracique ; — l'autre, purement médicale devra être remplie à la suite d'un *examen simple, rapide et pratique*, sans le concours d'aucun instrument, et portera sur l'examen des fonctions surtout mises en jeu par le travail scolaire : *vision* et *audition*, et sur l'examen des principaux organes permettant de constater l'état de l'appareil respiratoire, l'état du squelette, du cœur, de la dentition, du cuir chevelu, l'attitude de la colonne vertébrale, etc...

Je ne veux pas entrer dans les détails nécessités par ces divers examens, tels que la mesure du périmètre thoracique, l'examen de la vision et de l'audition. Mais je me permettrai d'insister sur *l'unité de méthode* qui doit présider à tous ces examens. Pour en reconnaître l'utilité, il suffit de rappeler les leçons du Pr Grancher et la conférence de M. Méry, pour l'auscultation de la poitrine et le dépistage de la tuberculose.

Il ne nous appartient pas de répondre en détail aux critiques qui ont été formulées contre la fiche. Mais si cette fiche sanitaire a été accueillie avec empressement par les parents, elle l'a été avec défaveur dans certains milieux médicaux qui ont cru y voir une violation du secret professionnel, une atteinte portée à la liberté des pères de famille. Or 1° les fiches sanitaires individuelles établies par le médecin inspecteur seront conservées par lui dans une armoire dont lui seul aura la clef; en cas de changement d'école, la fiche sera transmise par le médecin inspecteur sous pli fermé à son collègue. En fin de scolarité, elle sera remise à la famille qui en fera l'usage qu'elle voudra. 2° Le médecin scolaire n'a que des attributions de contrôle et de surveillance et ne fait pas acte de médecin traitant. J'ajouterai que les médecins scolaires en invitant les parents à faire soigner leurs enfants par leurs médecins habituels, bien loin de nuire à leurs confrères, leur seront utiles.

Quoi qu'il en soit, cette fiche constituera une observation fidèle, technique, de la constitution d'un sujet, de son développement physiologique pendant sa vie scolaire, des incidents pathologiques observés, des mesures prophylactiques nécessaires. Elle mentionnera les cas de maladies contagieuses dont aura été atteint l'enfant.

Le rôle du médecin scolaire devient ainsi un rôle social, dans toute l'acception du mot.

Le médecin inspecteur devra avoir seul la direction de l'*éducation physique*. Il est seul capable, de par ses connaissances spéciales, de développer les aptitudes physiques de l'écolier. Grâce à la fiche sanitaire qui lui permettra de connaître l'état somatique de l'élève, il pourra exempter de la gymnastique ou des jeux le cardiaque, le sujet atteint du mal de Pott ou de coxalgie, ou faire suivre un cours de gymnastique *orthopédique*, sous sa surveillance, aux malformations congénitales (scoliose, lordose, cyphose) ou aux déformations acquises, à ces attitudes vicieuses provoquées par un mobilier défectueux, une mauvaise méthode d'écriture ou d'éclairage. Il en est ainsi en Suisse, en Suède, en Angleterre, en Allemagne.

En dirigeant la culture physique, comme l'inspecteur primaire dirige la culture intellectuelle, le médecin scolaire nous évitera, comme le dit M. Mosny, des générations de débiles qui préparent des générations de déchus.

La fiche sanitaire nous permettra de reconnaître les enfants atteints de troubles de l'audition et de la vision et de leur assigner des places convenables aux premiers rangs de la classe, et de transformer en bons élèves ces écoliers qu'un trouble de la vue ou de l'ouïe empêchait de suivre avec fruit les leçons du maître.

Grâce à la fiche, nous connaîtrons les malingres, les

chétifs, les rachitiques, les candidats à la tuberculose ou ceux qui en sont déjà atteints, et nous viendrons en aide à des organismes débilités, soit en les suralimentant à l'école au repas de midi, comme le demandait Grancher qui voulait obtenir un maximum de résultats avec un minimum de dépense, soit en les envoyant dans les écoles de plein air ou bien aux colonies scolaires ou aux colonies sanitaires. Ce sont là des suspects qui devront faire l'objet de la part du médecin scolaire d'une surveillance spéciale et répétée.

Le médecin scolaire devra avertir les parents que leur enfant est dans un état de santé médiocre, les renseigner, les conseiller utilement. C'est à eux qu'il appartiendra d'intervenir et de le faire traiter par le médecin de famille.

Enfin, il est une catégorie d'enfants que l'examen individuel nous révélera, ce sont les anormaux intellectuels et moraux, qu'on nomme encore les anormaux pédagogiques. Les anormaux pédagogiques, ce sont les instables, les arriérés, ceux dont les fonctions intellectuelles sont mal équilibrées, les petits dégénérés portant l'empreinte d'une tare familiale, alcool ou syphilis. Mais cet examen sera fait avec le concours des maîtres. Les enfants reconnus incapables de suivre la classe seront placés dans les *écoles d'arriérés* appelées encore *écoles de perfectionnement.*

Comme on le voit, sans l'examen individuel d'entrée, sans la fiche sanitaire, le rôle de préservation sociale à l'égard de l'écolier est impossible.

III. — Enseignement de l'hygiène aux maîtres et aux élèves

Il est indispensable d'enseigner aux maîtres et aux élèves l'hygiène, cette science de la préservation sociale contre la maladie. Cet enseignement sera peut-être le plus utile pour combattre les deux plaies de notre pays : l'alcoolisme et la tuberculose. Personne n'en conteste l'utilité. Mais par qui sera-t-il fait ? Par le médecin scolaire. Seul, par les connaissances qu'il a acquises, par son rôle à l'école, par l'autorité que lui donnent ses fonctions, le médecin peut enseigner l'hygiène.

Sans doute ces leçons d'hygiène ne devraient pas être faites aux élèves de toutes les classes, mais seulement à ceux des cours supérieurs plus aptes à les comprendre.

Les maîtres pourraient être les moniteurs désignés pour montrer aux élèves les applications pratiques de l'hygiène faite par le médecin, soit par des leçons, soit par des devoirs dont profiterait la famille. Et ainsi serait faite, comme le disait M. Layet, « l'éducation des générations futures dans le sens de leur adaptation aux règles sanitaires ».

Ces conférences seraient faites sous forme de causeries, au nombre de 17 ou 18, d'après le programme établi par notre collègue, le Dr de Pradel. Elles porteraient sur l'hygiène individuelle, collective et professionnelle, et donneraient quelques notions sur les maladies contagieuses.

Le *rôle* du médecin inspecteur est très vaste. Pour le bien remplir, il ne suffit pas d'être docteur en médecine, il faut encore avoir des connaissances étendues en médecine générale et infantile et des connaissances spéciales en hygiène scolaire. La preuve de cette compétence spéciale sera fournie par le *concours*.

« Médecin, hygiéniste et un peu pédagogue, voilà les trois qualités du médecin scolaire pour assurer le but de l'inspection médicale des écoles, la surveillance de la culture physique et intellectuelle de l'enfant. » (Méry.)

D'après la nouvelle organisation, le rôle préventif du médecin scolaire est rempli *à l'école*. Tous ses actes doivent donc se passer à l'école où un cabinet spécial lui sera affecté. C'est là qu'il recevra les parents qu'il aura fait mander pour les aviser de la nécessité de faire traiter leurs enfants. Mais, je le répète, il n'a en aucune circonstance ni à donner des soins ni à offrir ses services.

C'est encore au cabinet médical qu'il délivrera les certificats de rentrée à l'école aux enfants qui auront été absents pour cause de maladie, ainsi que les certificats d'aptitude physique aux enfants de 12 à 13 ans qui se destinent à l'industrie, et d'autres rapports ou certificats spéciaux qui peuvent être demandés par l'Administration.

C'est ainsi qu'à deux reprises j'ai été chargé par la mairie d'examiner des écoliers qui étaient l'objet de sévices de la part de leurs parents. Il faudra être très prudent dans la rédaction de ces rapports qui devront se borner aux constatations médicales pures. Car ils pourront servir, si l'enquête administrative faite d'autre part corrobore nos constatations, à provoquer soit une sévère admonestation du commissaire de police, soit même la déchéance paternelle. Ces examens doivent toujours être faits à l'école et jamais en dehors d'elle.

Le médecin inspecteur aura encore à procéder aux *revaccinations*. Mais il n'y procédera qu'en application de la loi de 1902 sur la santé publique obligatoire pour les élèves de 10 à 11 ans. Seuls y seront soumis ceux qui n'auront pas obéi à ses prescriptions. Mais ceux qui présenteront des certificats émanant de médecins ou sages-femmes et attestant que cette revaccination a été pratiquée récemment, n'auront pas à être revaccinés par nos soins.

Le médecin scolaire est un des rouages les plus

importants de l'école. Il doit être partout où sa fonction l'appelle et où il peut être utile. C'est dire qu'il devrait faire partie de droit ou tout au moins être représenté et à la *délégation cantonale* qui reçoit ses rapports et à la *caisse des écoles* qui organise les cantines scolaires et les colonies de vacances. Il désigne les enfants dont la santé nécessite un séjour dans une colonie temporaire ou permanente.

La tâche du médecin inspecteur n'est pas encore terminée. Il est consulté sur les conditions d'installation et sur l'état de salubrité des locaux affectés aux *écoles primaires privées* pour lesquelles il est fait une déclaration d'ouverture. De son rapport pourra dépendre ou non l'autorisation d'ouvrir ces écoles privées. Pour l'établir, il s'attachera aux conditions hygiéniques des locaux, au cubage des classes, à leur aération, à leur éclairage, à leur ventilation, à l'existence de water-closets en nombre convenable et dont la disposition sera en rapport avec l'âge des enfants qu'on veut recevoir.

Cette réorganisation de l'inspection médicale que nous venons d'esquisser fonctionnera dans les 210 circonscriptions et s'étendra non seulement aux écoles maternelles et primaires, mais encore *aux écoles primaires supérieures et professionnelles*, et par conséquent sur une population d'écoliers de 3 à 18 ans comprenant plus de 210.000 enfants.

Quant aux *écoles privées* (74.000 enfants) elles ne seront visitées qu'une fois par mois, au point de vue de la salubrité des locaux. Et ce n'est qu'en cas d'épidémie que la fermeture temporaire pourrait en être effectuée par le préfet, après rapport du médecin inspecteur.

Visite d'inspection. — Maintenant que nous connaissons le rôle du médecin scolaire, voyons rapidement comment se fait pratiquement l'inspection.

Le directeur ou la directrice doit accompagner le médecin inspecteur. Parcourons successivement les classes. Il faut s'assurer que la ventilation s'effectue bien, car dans les classes qui sont souvent surpeuplées, l'air s'altère rapidement. Il y a, en haut des baies vitrées ou des fenêtres, des parties mobiles qu'on laisse entre-bâillées ou ouvertes pour assurer l'aération permanente. D'autre part pendant l'interclasse les fenêtres doivent être largement ouvertes.

Si les appareils de chauffage fonctionnent mal, le devoir du médecin est de le signaler dans son rapport et d'en demander la réparation. Le thermomètre de chaque classe indique la température qui doit osciller entre 16 et 18°.

Des enfants gardent souvent en classe leurs cache-nez, fichus, tours de cou : il faut les faire retirer, tenir la main à ce qu'ils soient accrochés non pas dans la classe, mais en dehors, dans les couloirs ou préaux, et cela pour éviter les maladies contagieuses.

Le maître et le plus souvent la maîtresse signaleront au médecin les enfants qui ont la tête malpropre, couverte de poux ou de lentes, ce qui arrive trop souvent. Si après plusieurs avertissements, cet état persiste, le médecin pourra les renvoyer de l'école, à une visite ultérieure, avec un bulletin pour les parents.

Il y a souvent des enfants ayant de la conjonctivite, de l'otorrhée plus ou moins fétide, de l'impétigo contagieux, quelquefois de la gale ; ils doivent être éliminés et une lettre d'avertissement sera adressée à la famille.

Enfin le maître signalera les enfants atteints d'indisposition ou de maladies : au médecin de décider s'ils peuvent ou non être conservés à l'école, et dans ce dernier cas les parents seront prévenus.

L'examen des classes et des élèves terminé, il

restera à examiner la propreté des locaux, des water-closets surtout.

Ne pas oublier de donner un coup d'œil à la cantine et voir si les aliments sont de bonne qualité et bien préparés. La visite terminée, le médecin se rendra au cabinet du directeur pour y consigner sur un registre *ad hoc*, les réparations nécessaires, les observations qu'il jugera convenables, et prendre note des enfants absents pour maladies déclarées. Le double de ce rapport est envoyé à la mairie et, s'il y a lieu, à l'administration chargée de prendre les mesures nécessitées par la situation sanitaire de l'école.

Cette visite sera *hebdomadaire* et pourra être renouvelée soit en cas d'épidémie, soit sur la demande de la municipalité ou de l'administration préfectorale.

IV. — Prophylaxie des maladies transmissibles à l'école

L'école favorise la propagation de certaines maladies contagieuses. Les épidémies de rougeole, de scarlatine, de diphtérie y trouvent un terrain vierge, où elles se développent merveilleusement, grâce aux contacts répétés au moment des récréations, grâce à la facilité avec laquelle les écoliers se passent de l'un à l'autre crayons, porte-plume, règles, cahiers.

C'est surtout dans les écoles maternelles et les dernières classes de l'école primaire que prennent naissance et se développent les maladies épidémiques.

Le rôle du médecin scolaire est non seulement de pouvoir établir rapidement le diagnostic d'une affection contagieuse, mais d'ordonner immédiatement des mesures prophylactiques permettant d'enrayer l'épidémie et de préserver la collectivité. Mais le diagnostic précoce, le dépistage, n'est pas toujours commode, la plupart des maladies étant dangereuses avant l'apparition des symptômes objectifs.

Comment le médecin inspecteur est-il avisé de ces maladies épidémiques ?

Deux cas peuvent se présenter : 1° Ou bien il trouve lui-même à sa visite un ou des enfants malades ;

2° Ou bien des élèves sont absents dont on lui notifie la maladie.

a) *Enfants malades à l'Ecole*. — Dans le 1er cas, le médecin inspecteur peut poser lui-même un diagnostic et prendre rapidement les mesures nécessaires. Mais il n'y trouve pas les maladies les plus sérieuses. Ce sont le plus souvent : impétigo, teigne, varicelle, quelquefois oreillons, coqueluche, rougeole au début ; plus rarement diphtérie, presque jamais scarlatine.

La première mesure à prendre est *l'éloignement de l'enfant de l'Ecole*, en l'isolant dans *une chambre d'isolement* que toute école devrait posséder avec cette seule affectation. La nécessité de cette pièce s'impose dans tous les cas, surtout dans les quartiers ouvriers où les parents travaillent le plus souvent hors de chez eux, et où conséquemment le transfert immédiat à domicile ne peut avoir lieu.

b) *Enfants malades hors de l'Ecole*. — C'est le cas le plus fréquent. Le diagnostic des maladies signalées comme causes d'absence nous est fourni par le directeur de l'Ecole qui le tient lui-même des parents. C'est donc un renseignement de troisième main, bien souvent incomplet ou erroné et toujours tardif, malgré le règlement du 27 octobre 1894 qui veut « qu'en cas de maladie contagieuse confirmée, avis en soit immédiatement donné au médecin inspecteur ». Aussi, malgré le zèle des directeurs, le médecin inspecteur n'est pas avisé assez tôt pour une prophylaxie rapide, seule efficace. Que faire donc pour être exactement et rapidement renseigné sur la nature de la maladie des enfants absents de l'école ?

On a proposé le *contrôle à domicile* par le médecin inspecteur. *A priori*, c'est logique, car actuellement on impose au médecin scolaire le rôle peu scientifique de renseigner sur des cas qu'il ignore. Mais c'est un moyen peu praticable, à raison du nombre des visites en cas d'épidémie, de la question délicate de violation de domicile, du conflit possible avec le médecin traitant et peut-être aussi avec le médecin inspecteur des épidémies.

Au contraire le *médecin traitant* paraît le mieux placé pour renseigner utilement et sans nouvelle vexation pour lui, puisque les lois du 30 novembre 1892 et du 15 février 1902 lui imposent la déclaration des maladies épidémiques, et que le nouveau carnet du service des épidémies (modèle n° 588), remis par la Préfecture de police à tous les médecins, demande d'indiquer, s'il s'agit d'un contagieux mineur, *l'école qu'il fréquente*. Il suffirait de rendre *obligatoire*, comme elle l'est à Boston, cette mention qui, à Paris, n'est que *facultative*.

Le médecin inspecteur devrait être avisé le plus rapidement possible des cas de maladies contagieuses. Il suffirait pour cela de recourir à la *voie télégraphique* et non plus postale, tant pour les déclarations légales du médecin traitant que pour les notifications du bureau des épidémies au médecin inspecteur.

Le médecin scolaire a un double rôle à remplir pour défendre la collectivité des enfants confiés à sa protection : en premier lieu, éviter les maladies épidémiques ; en second lieu, enrayer leur développement, lorsqu'un cas vient à se produire dans l'école.

A. — Mesures générales a prendre pour éviter l'éclosion des maladies contagieuses.

Pour les connaître, il suffit de se reporter au règlement préfectoral du 27 octobre 1894, que je publie plus loin en annexe. Elles ont trait à l'approvisionnement des écoles en eau de source qui devra être filtrée ou mieux bouillie, au cas où l'école ne pourrait être alimentée en eau pure ; — à l'installation des cabinets d'aisances dans les conditions prévues par les règlements spéciaux, à leur étanchéité, à leur ventilation, à leur propreté ; — à l'aération permanente des classes durant les récréations et les interclasses ; — au nettoyage du sol qui doit se faire exclusivement à l'aide de sciure imprégnée d'un liquide antiseptique, et en dehors des heures de classes ; — à la désinfection de l'école, pendant les grandes vacances, et quand une épidémie s'y est déclarée ; — à la propreté individuelle de l'écolier qui sera surveillé à ce point de vue par l'instituteur.

B. — Mesures a prendre en présence d'une maladie contagieuse.

Au point de vue des mesures prophylactiques à mettre en œuvre, passons en revue ces mesures : 1° considérées en général ; 2° considérées en particulier dans les différentes maladies épidémiques.

1° *Prophylaxie générale*

Ici, comme ailleurs, les deux grandes mesures prophylactiques résident dans l'*isolement* et la *désinfection*.

Dans le cas particulier l'isolement, c'est l'éloignement, l'éviction ou licenciement soit partiel, soit général.

En toutes circonstances s'impose l'éloignement, l'*éviction personnelle* du petit malade.

Cette éviction s'appliquera à toute personne malade fréquentant l'école, maître, serviteur. Elle s'applique aux concierges d'école, qu'ils soient eux-mêmes malades ou qu'ils aient chez eux un enfant malade.

A ce sujet la tuberculose du personnel demande toute l'attention.

Cette *éviction*, de personnelle, deviendra *collective* pour certaines maladies, scarlatine, diphtérie entre autres, c'est-à-dire qu'elle s'étendra aux autres enfants de la même famille que l'élève atteint, et même aux enfants *habitant la même maison*.

Pour prendre utilement à temps une telle mesure, on conçoit combien on a besoin *d'être sûrement et promptement renseigné*.

Tout maître, tout serviteur ayant un enfant scarlatineux ou diphtérique ne devra plus venir à l'école, exceptionnellement même, dans certains cas, s'il demeure dans la même maison qu'un scarlatineux ou qu'un diphtérique.

Licenciement. — Enfin dans certaines circonstances en général exceptionnelles, on prescrit le licenciement *partiel* d'une seule classe, pour réserver aux épidémies extensives, sévères, le licenciement *général* possible de toute une école, la *fermeture des classes*. Mais, pour être efficace, cette fermeture devra avoir une durée au moins égale à la période d'incubation de la maladie visée.

Jusqu'en 1894, la fermeture des classes pour maladies épidémiques se faisait avec une grande facilité. Mais les idées ont changé. Au point de vue scolaire, le licenciement de l'école est désastreux. Au point de vue médical, il a plus d'inconvénients que d'avantages. Quand nous fermions une école pour rougeole, par exemple, pour une durée maximum de dix jours qui nous était accor-

dée, nous voyions l'épidémie reprendre après la réouverture de l'école, et ne s'éteindre que faute d'aliments.

Il vaut mieux conserver les enfants sous la surveillance de leurs maîtres que de les disperser sans la moin-
dre précaution, car ils se rencontreront dans la rue pour
jouer et se passer librement encore les microbes dont
ils peuvent être porteurs.

L'article 14 du règlement du 27 octobre 1894 spécifie
que le *licenciement de l'école n'aura lieu qu'à titre exceptionnel.*

Il ne faudra donc prendre la décision de fermer
les écoles qu'après mûre réflexion, et seulement au
cas où une épidémie prendrait une extension rapide ou
causerait un certain nombre de cas de mort. Ce sera au
médecin scolaire de s'inspirer des circonstances. L'administration fait confiance à son médecin inspecteur ; elle
lui donne l'autorité, mais elle lui laisse la responsabilité
des mesures à prendre. Il pourra arriver au médecin
d'être en dissentiment avec le Maire, au sujet d'une
fermeture ou de la date d'une réouverture d'école. Il
agira toujours suivant sa conscience, en se basant pour
prendre sa détermination sur des considérations d'ordre
exclusivement médical.

L'établissement de la *fiche sanitaire* permettra de ne
plus recourir au licenciement général, mais de se limiter
à un licenciement partiel comprenant seulement les
élèves qui n'auraient pas été atteints de la maladie en
cours d'épidémie, quand c'est le cas d'une maladie dont
une première atteinte donne à peu près sûrement l'im-
munité (scarlatine, coqueluche, par ex.).

Après guérison, l'élève n'obtient sa rentrée à l'école
que *sur un certificat délivré par le médecin inspecteur.*
Ce certificat est exigible pour toute absence non motivée
qui dépasse quatre jours.

Il y aura à dépister la fraude qui consiste à changer d'école pour tourner la mesure d'éviction, ou à substituer un enfant bien portant à un élève malade.

Il arrive parfois que les enfants désirant réintégrer l'école, après une maladie, se présentent avec un certificat de leur médecin traitant déclarant que l'enfant est guéri et peut être admis à l'école sans danger. Le médecin inspecteur doit en tenir le plus grand compte. Mais souvent les parents n'ont pas fait venir le médecin qui délivre le certificat bénévolement, sur l'insistance des parents, et inscrit comme diagnostic : rhume ou bronchite, par exemple, alors que l'enfant a eu la rougeole, en réalité. Il faut prendre garde à ces petites supercheries des parents.

Le médecin traitant, d'autre part, peut ne pas s'être conformé à des règlements qu'il ignore, en cas de diphtérie par exemple, ou s'être mépris sur la nature réelle d'une angine. Le contrôle de l'écolier par le médecin inspecteur seul responsable ne saurait donc porter ombrage au médecin traitant, puisqu'il n'a en vue que l'intérêt général.

L'enfant qui se présentera pour avoir un certificat de rentrée devra être muni d'une note du directeur faisant connaître la date d'absence de l'école. Car les parents pour des raisons personnelles n'ont qu'un but : faire réintégrer au plus tôt à l'école leur enfant qui peut-être encore est contagieux.

Désinfection

L'éviction ou le licenciement a supprimé le porte-contage, la désinfection détruira ce contage. Il importe seulement qu'elle s'effectue le plus tôt possible, et le mieux possible, c'est-à-dire en suivant le progrès de la science.

Elle s'appliquera *aux locaux scolaires* (classes, préau, cabinets d'aisances, etc.), et aux *meubles* (table, pupitre).

Les *livres* seront détruits dans certains cas déterminés ou désinfectés par les vapeurs d'aldéhyde formique.

Mais il ne suffit pas de désinfecter l'école. Il faut aussi désinfecter les vêtements, *désinfecter le domicile des petits malades*. Cette désinfection à domicile par le service municipal donne lieu à un certificat délivré par ce service et dont le médecin inspecteur doit exiger la présentation au moment où il donne son visa pour rentrer à l'Ecole.

En dehors des épidémies, la désinfection des écoles se pratique pendant chaque grande vacance, et après les réunions publiques tolérées dans les écoles.

Il y a lieu de signaler le danger de la *fréquentation des classes par les adultes*, cours du soir, sociétés d'instruction diverses ou autres au point de vue de la contamination, tuberculeuse surtout, scarlatineuse, diphtérique ou autre, par suite de l'impossibilité de désinfecter après ces séances.

2° *Prophylaxie spéciale*

Voyons, maintenant que nous connaissons la prophylaxie générale des maladies transmissibles, la prophylaxie spéciale de chaque maladie en particulier.

Et d'abord, quelles affections rencontre-t-on le plus souvent? Ce sont les fièvres éruptives.

Rougeole. — C'est la plus fréquente. Apparaît périodiquement dans nos écoles maternelles et les dernières classes de nos écoles primaires. Très contagieuse et longtemps avant l'éruption par le transport des germes sur les vêtements, les linges ou les objets souillés par les exsudats: larmes, salive, mucosités nasales et bronchiques.

Sa bénignité n'est que relative, car il meurt à Paris de 700 à 800 individus de la rougeole ou de ses complications.

Le Dr Dufestel demande avec beaucoup de raison qu'on donne à chaque enfant une place à l'école toujours la même, et la désinfection en temps d'épidémie du banc, de la table et du pupitre de tout enfant absent avant de le faire réoccuper par un autre élève qui pourra se contaminer au contact de ces objets scolaires.

Lorsqu'une épidémie de rougeole éclatera dans une école, le médecin inspecteur augmentera le nombre de ses visites, *évincera* pendant 16 jours non seulement les enfants atteints de rougeole, mais encore les suspects, ceux qui présenteront de la toux et du catarrhe oculo-nasal. Si l'épidémie est grave, il faudra procéder au licenciement des enfants au-dessous de 6 ans. Il faudra aussi inviter les parents à faire l'antisepsie rigoureuse des voies respiratoires comme mesure prophylactique. Je ne parle pas de la désinfection au domicile des malades, l'utilité en étant discutée, en raison de la faible vitalité du microbe de la rougeole.

Scarlatine. — Maladie à microbe inconnu, plus grave que la rougeole, frappant surtout les enfants de 6 à 10 ans. Cause 130 décès par an. — D'après plusieurs auteurs et en particulier d'après Lesage, serait une affection bucco-pharyngée et linguale ; l'éruption caractéristique ferait défaut dans un tiers des cas ; les squames ne seraient pas contagieuses, si elles n'étaient pas infectées elles-mêmes par le microbe scarlatineux.

Mesures édictées en cas de scarlatine. — Désinfection de la classe, désinfection à domicile, destruction des livres qui étaient à domicile, éviction des frères, sœurs, puis aussi des enfants de la maison, tant qu'ils sont en contact possible avec le malade. Licenciement si plusieurs cas se produisent en quelques jours, malgré toutes les précautions.

Pour le malade lui-même, le temps d'éloignement est fixé à 40 jours. Le médecin inspecteur pourra l'augmenter et le diminuer sous sa responsabilité.

Variole. — Ne s'observe pour ainsi dire pas dans nos écoles, grâce à la vaccination et à la revaccination obligatoires pour les enfants de 10 à 11 ans d'après la loi de 1902 sur la santé publique et que le médecin inspecteur, comme je l'ai déjà dit, sera chargé de pratiquer.

En cas de variole, éviction des enfants malades pendant 40 jours. Destruction de leurs livres et cahiers. Désinfection générale. Revaccination de tous les maîtres et élèves.

Varicelle. — Fréquente chez les enfants de 2 à 6 ans. Très contagieuse. Parasite inconnu.

On éloigne successivement les enfants atteints pendant 10 jours, dit le règlement. Insuffisant : il faut l'éviction pendant 15 jours au moins.

Oreillons. — Très fréquents chez les enfants de 5 à 15 ans. Le règlement prescrit l'éviction successive de chacun des malades pendant 10 jours. Ce délai nous paraît un peu court, l'incubation atteignant parfois 25 jours. En Allemagne, la durée de l'éviction est de 4 semaines.

Diphtérie. — Cause 480 décès par an en moyenne. La contagion directe et indirecte est très facile. Le bacille de Lœffler est très résistant; il peut rester inoffensif pendant des mois, puis reprendre sa virulence. On peut le rencontrer chez des enfants bien portants.

Mesures à prendre. — Désinfection de la classe, destruction des livres à l'école et à domicile, désinfection à domicile, éviction des frères et sœurs et des enfants habitant la maison contaminée.

L'éviction du malade lui-même n'a pas de durée déterminée (40 jours, dit le règlement). Elle doit se prolonger non seulement jusqu'à guérison complète, mais en plus jusqu'à l'absence dûment constatée de bacille diphtérique dans la gorge, même de bacille court.

Un arrêté du Préfet de la Seine du 16 avril 1896 prescrit au médecin inspecteur de ne laisser rentrer dans les écoles les convalescents de diphtérie qu'avec un certificat du laboratoire municipal de bactériologie, attestant que les cultures du mucus de la gorge sont exemptes de bacilles de Lœffler.

Dans une épidémie de diphtérie, nous devons conseiller *l'injection préventive du sérum antidiphtérique*. Mais nous n'avons pas à la pratiquer, et à nous substituer au médecin traitant, seul juge compétent dans chaque cas particulier.

Enfin, *l'examen bactériologique des sécrétions pharyngées des élèves suspects*, frères, sœurs, voisins, permet de dépister la contagion.

C'est surtout dans les épidémies de diphtérie que le médecin inspecteur est sollicité de fermer les classes. Cette fermeture semble inutile.

Récemment, une épidémie éclata dans une école du XVᵉ arrondissement. Le médecin inspecteur des épidémies, délégué par la Préfecture de police qui avait oublié de se mettre en rapport avec le médecin de l'école, conclut à la fermeture de l'école. Le médecin inspecteur, notre très distingué confrère, le Dʳ de Pradel, émit un avis absolument contraire, et finit par avoir gain de cause, grâce à son énergie. Il prit toutes les mesures nécessaires et fut couvert par l'Administration. Mais, chose curieuse, il fut blâmé par une

Société médicale d'arrondissement pour avoir conseillé les injections préventives aux enfants trouvés porteurs de bacilles courts.

Coqueluche. — Elle cause 313 décès annuels.

Il faut isoler les enfants pendant tout le temps que durent les quintes, quelquefois 2 et 3 mois. La fermeture de l'école nous semble inutile.

Méningite cérébro-spinale. — Très contagieuse. Se transmet par les sécrétions nasales et pharyngées. Se manifeste surtout chez les jeunes soldats. Mais elle peut frapper aussi les enfants de 10 à 14 ans. Nous ignorons la durée, la vitalité du germe et de la période de contagion.

Etant donnée la gravité de la plupart des cas, il sera prudent, en cas d'épidémie, non seulement de désinfecter les locaux et le mobilier scolaire, mais de fermer l'école.

Tuberculose. — La *prophylaxie antituberculeuse* comporte *l'éviction* de tout sujet, porteur de *lésions ouvertes*, maître ou élève.

La contagion est beaucoup plus à redouter des maîtres que des élèves. S'il y a 15 0/0 de tuberculoses fermées chez les élèves, on ne rencontre pas plus d'une tuberculose ouverte pour 1.000. Les maîtres tuberculeux à Paris ne sont pas aussi nombreux qu'on l'a dit (Brouardel, Bernheim, etc). Il n'y en a pas 20 0/0, mais seulement 2 à 3 0/0, comme je l'ai démontré en 1905 au Congrès de la tuberculose et à différents Congrès d'hygiène scolaire.

Dans les cas de lésions non ouvertes, la fréquentation de l'école par les sujets qui en sont atteints ne constitue pas un danger immédiat pour la collectivité, mais l'intérêt du malade exigerait le séjour loin de la ville.

Ce serait la grande utilité des *écoles de plein air*, des *colonies sanitaires* qui recueilleraient à la campagne les malingres, les chétifs, les prédisposés à la tuberculose, les tuberculoses fermées, en un mot tous ceux à qui un séjour prolongé à la campagne serait nécessaire.

Il en est de même du rôle préservateur que peuvent jouer les *dispensaires d'enfants*, par les soins journaliers et les distributions de médicaments, l'huile de foie de morue en particulier.

Enfin les *colonies scolaires* actuellement existantes (colonies de mer, de plaines, de montagnes) contribueront aussi pour une part à relever les jeunes organismes.

Je ne parlerai que pour mémoire des *aphtes*, de la *stomatite ulcéro-membraneuse*, de la *perlèche*, des *conjonctivites infectieuses*, des *otites suppurées*, de la *vulvo-vaginite*. Il faut immédiatement éloigner de l'école tout enfant porteur de l'une de ces affections.

Deux mots seulement sur les maladies du cuir chevelu : les enfants atteints de *teigne tondante* ou de *teigne faveuse* doivent être isolés jusqu'à leur complète guérison.

La *pelade*, reconnue non contagieuse depuis les travaux de Jacquet, ne nécessite plus l'éviction des enfants atteints (arrêté du Préfet de la Seine du 16 janvier 1907).

La *phtiriase* ne devrait pas être constatée dans nos écoles. Tout enfant qui à la suite d'un avertissement sérieux, ne sera pas débarrassé de ses poux, devra être éloigné de l'école.

L'isolement s'impose aussi chez les porteurs d'*impétigo* qui accompagne souvent la phtiriase, — d'*ecthyma*, — et de *gale*.

ANNEXE I

PRÉFECTURE DU DÉPARTEMENT DE LA SEINE

RÈGLEMENT DU 27 OCTOBRE 1894

RELATIF A LA PROPHYLAXIE DES ÉPIDÉMIES DANS LES ÉCOLES PRIMAIRES
PUBLIQUES DE LA VILLE DE PARIS

CHAPITRE PREMIER

Mesures générales à prendre pour éviter l'éclosion des maladies contagieuses

ARTICLE PREMIER. — Les écoles doivent être fournies d'eau de source, et celle-ci doit être exclusivement mise à la disposition des élèves à tous les robinets auxquels ils ont accès.

Lorsque l'école ne peut être momentanément alimentée en eau pure, l'eau destinée à la consommation devra être filtrée, ou mieux bouillie, toutes les fois qu'il sera possible de recourir à ce dernier procédé.

ART. 2. — Les cabinets d'aisances doivent être installés dans les conditions prévues par les règlements spéciaux, soit que l'évacuation des matières usées se fasse par écoulement direct à l'égout, par appareils diviseurs ou appareils similaires, soit que, par exception, on soit obligé de recevoir les matières dans des fosses fixes.

Les cabinets d'aisances ne doivent pas communiquer directement avec les classes; leur sol et leurs parois doivent être lisses et imperméables; l'écoulement des eaux de lavage doit être facile ; les closets doivent être à effet d'eau et siphon hydraulique ventilé.

La plus grande propreté est de rigueur dans les cabinets d'aisances.

Les caveaux où sont installés les appareils de vidange doivent avoir, comme les fosses fixes, leurs parois étanches.

ART. 3. — Pendant la durée des récréations et le soir, au moins pendant une heure après le départ des élèves, les classes doivent être aérées par l'ouverture de toutes les fenêtres, des portes et des impostes des cloisons latérales.

ART. 4. — Le nettoyage du sol doit se faire exclusivement à l'aide de sciure imprégnée d'un liquide antiseptique. Les résidus de balayage doivent être reçus dans un récipient métallique, dont le contenu sera brûlé ou porté dans le tombereau du service de nettoiement de la voie publique.

Le balayage de l'école ne doit jamais se faire pendant la durée des classes.

Art. 5. — Chaque année, pendant les grandes vacances, l'école sera désinfectée par le service municipal de la désinfection publique, et chaque fois qu'une épidémie s'y est déclarée.

Art. 6. — Les enfants doivent se présenter à l'école dans un état de propreté convenable. La visite de propreté sera faite par l'instituteur avant l'entrée en classe.

Les élèves qui ne se présenteraient pas en état de propreté pourront être renvoyés à leurs familles. Avis en sera donné à celles-ci par le directeur ou la directrice.

Chaque enfant doit se laver les mains avant la rentrée en classe après chaque récréation.

Un bain de propreté (bain ordinaire, bain-bouche ou bain en eau courante) est, autant que possible, pris hebdomadairement par chaque enfant, sauf avis contraire du médecin inspecteur.

CHAPITRE II

Mesures à prendre en présence d'une maladie contagieuse

Art. 7. — Le licenciement de l'école ne doit être prononcé que dans les cas spécifiés à l'article 14.

Auparavant, on doit recourir aux évictions successives et employer les mesures de désinfection prescrites ci-après.

Art. 8. — Tout enfant indisposé doit être immédiatement éloigné de l'école ou renvoyé à l'infirmerie dans le cas d'un internat.

Art. 9. — En cas de maladie contagieuse confirmée, avis en est immédiatement donné au médecin inspecteur. Celui-ci peut proposer l'éloignement de l'école pour les frères et sœurs dudit enfant et même pour tous les enfants habitant la même maison.

Les directeurs des écoles qu'ils fréquentent en seront prévenus.

Art. 10. — En cas de maladie contagieuse confirmée, la classe de l'enfant doit être désinfectée, aussitôt que possible et en l'absence des élèves, par le service de la désinfection publique, et le médecin inspecteur sera prévenu du jour et de l'heure de l'opération.

Art. 11. — Il est adressé à la famille de chaque enfant atteint d'une affection contagieuse une instruction sur les précautions à prendre contre les contagions possibles et sur la nécessité de ne renvoyer l'enfant qu'après qu'il aura été baigné ou lavé plusieurs fois au savon et que tous ses habits, ses livres, cahiers, jouets et autres objets à son usage, auront été désinfectés par le service public de désinfection.

Art. 12. — Les enfants qui ont été malades ne rentreront à l'école qu'après un certificat du médecin inspecteur, et après qu'il se sera écoulé, depuis la cessation de tous symptômes de la maladie, une période d'au moins huit jours.

Art. 13. — Dans le cas où le licenciement est reconnu nécessaire, il est envoyé à chaque famille, au moment du licenciement, un exemplaire de l'instruction relative à la maladie épidémique qui l'aurait nécessité.

CHAPITRE III

Mesures particulières à prendre pour chaque maladie contagieuse

Art. 14. — Les mesures particulières à prendre pour chaque maladie contagieuse seront spécifiées par le médecin inspecteur suivant les bases ci-après :

L'éviction des enfants malades jusqu'à ce qu'il se soit écoulé au moins huit jours après la cessation de tous les symptômes.

La désinfection de tout ou partie de l'école sera faite si plusieurs cas se produisent en quelques jours, malgré toute précaution.

La destruction par le feu des livres, cahiers, jouets et objets similaires restant à l'école et qui ont pu être contaminés jusqu'au jour où le malade a été renvoyé chez lui, sera toujours opérée en cas de diphtérie et exceptionnellement en cas de rougeole, d'oreillons, de coqueluche, de variole.

Pour la teigne et la pelade, les enfants seront éloignés de l'école et n'y reviendront qu'après traitement et avec pansement méthodique.

Le licenciement de l'école n'aura jamais lieu qu'à titre exceptionnel.

Art. 15. — Lorsqu'un des habitants de l'école (directeur, directrice, concierges, personnes de leur famille, etc.) ou l'un de leurs enfants, sera atteint de l'une des maladies ci-dessus désignées, le malade ne pourra y rester qu'autant que le médecin inspecteur l'aura autorisé et que l'isolement du malade et les autres mesures de prophylaxie seront rigoureusement assurés.

En aucun cas, les concierges ne pourront conserver un malade dans leur loge.

Fait à Paris, le 27 octobre 1894.

Le Préfet de la Seine,
POUBELLE.

ANNEXE II

PRÉFECTURE DU DÉPARTEMENT DE LA SEINE

ARRÊTÉ PRÉFECTORAL (1)
du 15 décembre 1883
déterminant le service et les attributions du
MÉDECIN INSPECTEUR

Article premier. — Le service de l'inspection médicale des écoles primaires et des écoles maternelles publiques de la Ville de Paris est réorganisé, à partir du 1er janvier 1884, conformément aux dispositions qui suivent.

Art. 2. — Les établissements scolaires publics de la Ville de Paris seront groupés en circonscriptions d'inspection médicale, de façon que chaque circonscription ait un effectif de quinze à vingt classes ; chaque école maternelle étant comptée pour deux classes.

Le tableau des circonscriptions médicales et des établissements compris dans chaque circonscription sera arrêté, tous les trois ans, par le Préfet de la Seine.

Les établissements nouveaux qui s'ouvriraient au cours de cette période triennale, seront provisoirement rattachés à la circonscription la plus voisine.

Art. 3. — Le traitement attaché aux fonctions de médecin inspecteur sera de huit cents francs par an.

Art. 4. — Les médecins inspecteurs devront être pourvus du diplôme de docteur d'une Faculté de l'État ; ils seront nommés par le Préfet sur une liste de présentation dressée, dans chaque arrondissement, par le Maire, de concert avec la délégation cantonale.

Cette liste devra comprendre un nombre de noms double de celui des places à pourvoir.

Art. 5. — La durée du mandat conféré aux médecins inspecteurs des écoles primaires et des écoles maternelles est fixée à trois ans.

En conséquence, tous les trois ans, il sera procédé, dans les arrondissements de Paris, à l'établissement, par les maires et les délégations cantonales, des listes de présentation à soumettre au Préfet.

Art. 6. — En cas de vacance d'une ou de plusieurs places de médecin

(1) L'arrêté préfectoral, modifiant le service d'après la nouvelle organisation votée le 12 juillet 1909 par le Conseil municipal, n'a pas encore été pris.

inspecteur, le Préfet de la Seine pourra charger provisoirement de la fonction un des candidats précédemment proposés et mettra le Maire et la délégation cantonale de l'arrondissement en mesure de procéder, sous bref délai, à une présentation régulière.

Les médecins ainsi nommés n'exerceront leurs fonctions que pendant le temps qui restait à courir du mandat de leur prédécesseur.

Art. 7. — Les arrêtés de nomination seront insérés au *Bulletin officiel de l'Instruction primaire* et au *Recueil des actes administratifs* de la Préfecture de la Seine.

Art. 8. — Chaque médecin inspecteur, à son entrée en fonctions, devra remettre au Maire de l'arrondissement une note indiquant : son domicile, le siège de son cabinet médical et les jours et heures où il y donne ses consultations.

Ces renseignements seront transmis, par le Maire, aux établissements compris dans la circonscription du médecin inspecteur qui, en cas de changement de domicile ou de modifications dans les jours et heures de ses consultations, devra en donner immédiatement avis au Maire, chargé d'en informer les établissements intéressés.

Art. 9. — Un registre spécial sera mis, dans chaque école primaire ou école maternelle, à la disposition du médecin inspecteur pour y consigner le résultat de ses inspections.

Le directeur de l'établissement inscrira en tête de ce registre : le nom du médecin inspecteur, son domicile et les jours et heures de ses consultations.

Le registre de l'inspection médicale sera constamment tenu à la disposition des autorités préposées à la surveillance des écoles, qui pourront en demander communication à chacune de leurs visites.

Art. 10. — Toute école primaire ou école maternelle publique devra recevoir, deux fois par mois, la visite du médecin inspecteur.

Le médecin inspecteur devra, en outre, procéder à des visites supplémentaires dans les établissements de sa circonscription toutes les fois qu'il en sera requis par le Maire de l'arrondissement ou par l'administration préfectorale.

Art. 11. — A son arrivée dans chaque arrondissement, le médecin inspecteur commencera par procéder à un examen des localités autres que les classes (vestibules, préau couvert, cour de récréation, cabinets d'aisances, urinoirs, etc.)

Il sera accompagné, dans cette visite, par le directeur (ou la directrice), auquel il adressera les observations ou recommandations que pourrait lui suggérer l'état des localités.

Il visitera ensuite chacune des classes.

Après s'être rendu compte des conditions hygiéniques de la salle au point de vue de l'éclairage, du chauffage, de la ventilation, de l'aménagement du mobilier, etc., etc., il procédera à l'examen des enfants, et, en particulier, de ceux qui lui seraient signalés, par le directeur (ou la directrice) comme présentant des symptômes d'indisposition.

Art. 12. — Après avoir terminé sa visite, le médecin inspecteur consignera, sur le registre spécial à ce destiné, le résultat de ses constatations.

Il répondra aux diverses questions formulées dans ce registre au sujet de l'état de propreté des locaux, de l'éclairage, du chauffage, de la ventilation des classes, etc.

Il inscrira ensuite dans les colonnes réservées *ad hoc* les noms des enfants chez lesquels il aura reconnu des symptômes d'indisposition assez graves pour motiver le renvoi de ces enfants dans leur famille.

En indiquant la nature de l'indisposition, il aura soin de faire connaître si elle peut être contagieuse.

Enfin, il fera mention du nombre des enfants absents de l'établissement, pour cause de maladie, au moment de sa visite, en indiquant, d'après les renseignements qui lui seront fournis par le directeur (ou la directrice), les maladies qui paraîtraient dominer parmi ces enfants.

Art. 13. — Une fois par mois, au moins, le médecin inspecteur, pendant sa visite dans l'établissement, devra procéder à un examen attentif et individuel des enfants au point de vue des dents, des yeux, des oreilles et de l'état général de la santé.

Un bulletin, certifié par lui et destiné à la famille (formule n° 4), sera remis à chaque enfant qui serait reconnu présenter une affection de la bouche, des yeux ou des oreilles, ou dont l'état général nécessiterait une surveillance ou des soins particuliers.

Art. 14. — Les enfants, chez lesquels le médecin inspecteur, pendant sa visite, aura reconnu les symptômes d'une affection contagieuse, seront immédiatement renvoyés chez leurs parents, avec une lettre d'avis indiquant le motif de ce renvoi (formule n° 2).

Cette lettre fera connaître aux parents que l'enfant ne pourra être admis de nouveau dans l'établissement qu'après s'être présenté à la consultation du médecin inspecteur et en avoir obtenu un certificat constatant que sa rentrée peut avoir lieu sans inconvénients.

Art. 15. — Il sera remis à chaque directeur (ou directrice) une liste, établie par les soins du Comité central d'hygiène et de salubrité, des maladies présentant un caractère contagieux. Dans cette liste, seront indiqués les premiers symptômes de ces maladies.

Si, dans l'intervalle des visites du médecin inspecteur, un enfant se trouve indisposé pendant son séjour à l'école primaire ou à l'école ma-

ternelle, le maître ou la maîtresse de la classe en donnera immédiatement avis au directeur (ou à la directrice).

Après avoir examiné et interrogé l'enfant, le directeur (ou la directrice), s'il croit reconnaître quelque symptôme d'une maladie contagieuse,
renverra l'enfant chez ses parents, en faisant connaître le motif de ce
renvoi par une lettre semblable à celle dont il est question dans l'article
précédent.

Les parents seront avertis par cette lettre que l'enfant doit être
conduit à la consultation du médecin inspecteur et qu'il ne pourra
rentrer dans l'établissement qu'avec un certificat délivré par ce médecin
(formule n° 3).

Art. 16. — Le même certificat pourra être exigé des enfants qui, sans
que leur éloignement ait été provoqué, ni par le directeur de l'établissement, ni par le médecin inspecteur, se seraient absentés de l'école
primaire ou de l'école maternelle pour cause de maladie.

Le directeur (ou la directrice) devra, dans ce cas, s'enquérir de la
nature de la maladie qui a motivé l'absence et, si cette maladie est con-
sidérée comme contagieuse, faire connaître aux parents que leur enfant
ne pourra être admis de nouveau dans l'établissement qu'après s'être
présenté à la consultation du médecin inspecteur.

A cet effet, un exemplaire de la lettre d'avis prévue par l'article 14 du
présent arrêté et sur laquelle seront indiqués les jours et heures des
consultations du médecin inspecteur, sera remis aux parents.

Art. 17. — Le médecin inspecteur recevra aux jours et heures habituels de ses consultations les enfants désireux d'obtenir un certificat de
rentrée.

Art. 18. — Après chaque inspection et au plus tard dans un délai de
vingt-quatre heures, le médecin inspecteur adressera au Maire de l'arrondissement un bulletin destiné à faire connaître la situation sanitaire
de l'établissement visité.

Des formules de bulletins imprimées (formule n° 1), indiquant les diverses questions auxquelles le médecin doit répondre, seront mises à la
disposition de chaque médecin inspecteur.

Art. 19. — Les maires des arrondissements feront établir un relevé
des propositions contenues dans les bulletins des médecins inspecteurs
et ils saisiront, sans retard, l'administration centrale de toutes celles
qui leur paraîtraient présenter un caractère d'urgence.

Ils réserveront, pour les soumettre à un examen plus approfondi et
pour les communiquer à la délégation cantonale, celles qui, ne répondant pas à des nécessités pressantes, comporteraient une décision d'un
caractère général ou impliqueraient des remaniements importants dans
l'aménagement des locaux.

En cas d'épidémie, ils pourront, si le médecin réclame la fermeture d'urgence d'un établissement, autoriser cette fermeture, sauf à en donner immédiatement avis à l'Inspecteur de l'Enseignement primaire et à l'administration centrale.

Art. 20. — Tous les trois mois, le Maire de chaque arrondissement adressera à l'administration un rapport sommaire sur le fonctionnement de l'inspection médicale dans son arrondissement.

Outre ce rapport, il sera présenté, à la fin de chaque semestre, par la délégation cantonale, un rapport rendant compte, d'une façon détaillée, du fonctionnement du service dans chacune des circonscriptions d'inspection médicale établies dans l'arrondissement et indiquant, en regard d'un résumé des propositions présentées par les médecins inspecteurs pour l'amélioration hygiénique des locaux scolaires, l'avis de la délégation cantonale sur chacune de ces propositions.

Art. 21. — Un exemplaire du présent arrêté réglementaire sera remis à chaque médecin inspecteur, au moment de son entrée en fonctions.

Il sera, en outre, déposé un exemplaire dans chacun des établissements scolaires, écoles primaires ou écoles maternelles, soumis à l'inspection médicale.

Art. 22. — L'arrêté en date du 13 juin 1877 et le règlement en date du 10 juillet 1879 sont rapportés dans toutes celles de leurs dispositions contraires aux prescriptions du présent arrêté.

Fait à Paris, le 15 décembre 1883.

Le Préfet de la Seine,
E. POUBELLE.

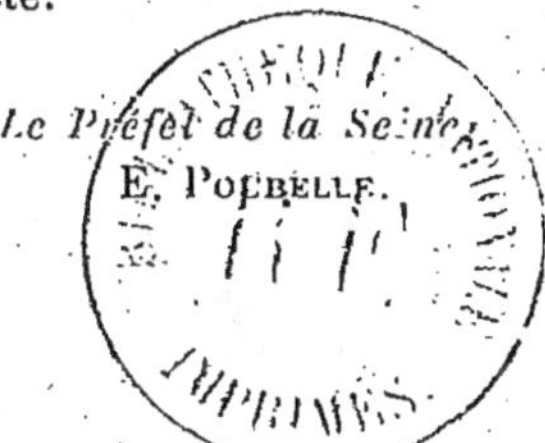

Paris. — Imp. Levé, rue Cassette, 17. — S.

30

PARIS. — IMP. LEVÉ, RUE CASSETTE, 17. — S.